DEUTSCHE AKADEMIE DER WISSENSCHAFTEN ZU BERLIN

Veröffentlichungen der Sternwarte in Sonneberg

Band 3

Heft 4

C. HOFFMEISTER

Beobachtungen hochatmosphärischer Erhellungen des Nachthimmels in Südwestafrika 1952—53

(Ergebnisse der Beobachtungen in Südwestafrika 1952—53; Achte Mitteilung)

Akademie-Verlag GmbH · Berlin 1958

C. Hoffmeister

Beobachtungen hochatmosphärischer Erhellungen des Nachthimmels in Südwestafrika 1952—53

Veröffentlichungen der Sternwarte in Sonneberg · Band 3 Heft 4

DEUTSCHE AKADEMIE DER WISSENSCHAFTEN ZU BERLIN

Veröffentlichungen der Sternwarte in Sonneberg

Band 3

Ergebnisse der Beobachtungen in Südwestafrika 1952–53

Akademie-Verlag GmbH · Berlin 1956–1958

Erschienen im Akademie-Verlag GmbH, Berlin W 8, Mohrenstraße 39

Lizenz-Nr. 202 · 100/750/58
Gesamtherstellung: VEB Druckerei „Thomas Müntzer" Bad Langensalza
Bestell- und Verlagsnummer: 2006/III
Printed in Germany
E S 18 D 3

Inhalt

Nummer 1

C. Hoffmeister, Bearbeitung des Lichtwechsels von 75 kurzperiodischen veränderlichen Sternen zwischen 25° und 90° südlicher Deklination 1

Nummer 2

C. Hoffmeister, Messungen zur atmosphärischen Optik in Südwest-Afrika 87

Nummer 3 I

C. Hoffmeister, Über das Verhalten von drei typischen und sechs atypischen RW Aurigae-Sternen 333

Nummer 3 II

C. Hoffmeister, Bearbeitung des Lichtwechsels von 10 südlichen veränderlichen Sternen 439

Nummer 4

C. Hoffmeister, Beobachtungen hochatmosphärischer Erhellungen des Nachthimmels in Südwestafrika 1952—53 449

DEUTSCHE AKADEMIE DER WISSENSCHAFTEN ZU BERLIN

Veröffentlichungen der Sternwarte in Sonneberg

Band 3

Heft 4

C. HOFFMEISTER

Beobachtungen hochatmosphärischer Erhellungen des Nachthimmels in Südwestafrika 1952—53

(Ergebnisse der Beobachtungen in Südwestafrika 1952—53; Achte Mitteilung)

Akademie-Verlag GmbH · Berlin 1958

Erschienen im Akademie-Verlag GmbH., Berlin W 8, Mohrenstraße 39

Lizenz-Nr. 202 · 100/750/58
Gesamtherstellung: VEB Druckerei „Thomas Müntzer" Bad Langensalza
Bestell- und Verlagsnummer: 2006/III/4
Preis: DM 3,80
Printed in Germany
ES 18 D 3

Bei meiner zweiten Afrikareise 1952—53 hatte ich mir wieder, wie schon 1937—38, die Aufgabe gestellt, jede geeignete Nacht entsprechend dem Zustand des Nachthimmelleuchtens zu kennzeichnen. Die große Anzahl klarer Nächte und die extreme Durchsichtigkeit der Luft schaffen dafür fast ideal günstige Voraussetzungen. Es handelte sich um eine Nebenaufgabe, weshalb auch keinerlei Intensitätsmessungen ausgeführt worden sind. Das Ziel war allein, festzustellen, ob Abweichungen vom Normalzustand vorhanden waren. Bei dieser beschränkten Zielsetzung ist die visuelle Methode allen anderen Verfahren überlegen, da sie, falls der Beobachter über hinreichende Erfahrung verfügt, in kürzester Zeit gestattet, etwaige Abweichungen vom Normalzustand zu erkennen.

Als „normal" wurde ein dunkler bis mäßig dunkler Himmelsgrund und ein Horizontlichtsaum bezeichnet, der mit einiger Deutlichkeit erkennbar ist. Zur Beurteilung der Dunkelheit des Himmelsgrundes wurden auch der Kontrast gegen die Milchstraße und die Magellanschen Wolken sowie die mehr oder minder gute Sichtbarkeit der schwächsten Teile des Zodiakallichts, Gegenschein und Lichtbrücke, herangezogen, und zwar nicht nur in den Nächten, wo sich ein Hinweis im Text befindet. Es ist selbstverständlich, daß diese Beobachtungen nur bei voller Dunkelanpassung ausgeführt wurden. Es versteht sich auch von selbst, daß der „Normalzustand" nicht exakt definiert, sondern aus der Erfahrung festgelegt ist, und daß es einer gewissen Willkür unterliegt, was man als Abweichung vom Normalzustand bezeichnen will. Grenzfälle, wie sie im Text sich finden, sind indessen nicht zahlreich und sind statistisch ohne Bedeutung, da die realen Abweichungen in der Regel unzweideutig erkennbar sind.

In der neueren Literatur ist gelegentlich die Tendenz aufgetreten, die Erscheinung der abnormen Erhellungen zu bagatellisieren, indem man sie gewissermaßen als Auswirkungen der statistischen Streuung des Nachthimmelleuchtens (Airglow) angesehen wissen wollte. Ich kann mich dieser Auffassung nicht anschließen. Zwar ist unbestreitbar, daß der Vorgang der Lichtemission bei den Erhellungen im allgemeinen derselbe ist wie beim normalen Airglow; aber es spricht doch vieles dafür, daß die Auslösung des verstärkten Leuchtens auf einer Ursache beruht, die unter normalen Verhältnissen nicht oder doch nur ganz nebensächlich wirksam ist. Die von mir seit langer Zeit vertretene Ansicht, daß diese auslösende Ursache in Staubeinbrüchen besteht, ist bis jetzt weder erwiesen noch widerlegt; es ist aber auch keine andere Erklärung vorgeschlagen worden. Andererseits sprechen manche neueren Beobachtungen zugunsten der Staubhypothese [1].

Jene oben angeführte Tendenz erhält ohne Zweifel einigen Auftrieb durch den seit 10 Jahren zu beobachtenden Rückgang der Anzahl und Intensität der Erscheinungen. Seitdem durch Einführung der Raketentechnik die Erforschung der Hochatmosphäre aktuell geworden ist, sind jene enormen Erhellungen, wie sie in den Jahren 1940 bis 1944 keineswegs selten waren, kaum noch aufgetreten. Zumal seit 1950 ist der Rückgang höchst augenfällig. Wer sich nur auf die Erfahrungen aus dieser Zeit stützt, kennt die Erscheinung nicht als das, was sie sein kann. Man vergleiche hierzu die von mir veröffentlichten Bilder [2].

Die beiden südwestafrikanischen Beobachtungsreihen [3] stellen ein sehr homogenes Material dar und sind besonders geeignet, den Rückgang nachzuweisen, wogegen Reihen aus Mitteleuropa wegen des schlechten Klimas immer ein Moment der Unsicherheit enthalten.

Vergleichung der beiden Beobachtungsreihen aus Südwestafrika

Art der Erscheinung, HL = Horizontlicht	1937—38	1952—53
	Anzahl der Nächte	
1. HL schwach oder normal, Himmel dunkel	82	133
2. Himmel ohne Besonderh., HL nicht zu beobachten	15	34
3. Verstärktes HL	34	37
4. Segment am Horizont	8	1
5. Segment mit Andeutung von Streifen	8	4
6. Allgemeine diffuse Erhellung	12	25
7. Diffuse Erh. mit Andeutung von Streifen	8	0
8. Streifenform	42	3
9. Chaotische Form	0	0
Gesamtzahl der Beobachtungsnächte	209	237

Zu der Tabelle ist folgendes zu bemerken: Die beiden ersten Zeilen enthalten die Anzahl der als normal anzusehenden Nächte, wobei diejenigen der 2. Zeile zwar beschränkte Beobachtungsmöglichkeiten infolge von Dunst oder Wolken aufwiesen. die Erkennung einer mäßigen Erhellung aber noch zugelassen hätten. Wenn man diese Nächte als normal mitzählt, verliert man möglicherweise einige geringe, meist horizontnahe Erhellungen. Derartige Unvollkommenheiten sind indessen unvermeidbar und werden auch durch den Mond verursacht. Nächte, die vor Mondaufgang oder nach Monduntergang keine Erhellungen hatten, sind bei Dunstfreiheit in der 1. Zeile gezählt, wobei selbstverständlich die Möglichkeit nicht ausgeschlossen ist, daß eine Erhellung auftrat, während der Mond über dem Horizont war. Immerhin werden diese Fälle selten sein, denn die hier behandelten Erhellungen sind viel beständiger und viel langsamer veränderlich als etwa das Polarlicht. — Das Verstärkte Horizontlicht (Zeile 3) kann auf einen begrenzten Azimutbereich beschränkt sein, wobei man Irrtümer, die durch Zodiakallicht und Milchstraße hervorgebracht werden, vermeiden muß, oder es kann den ganzen Umkreis erhellen, wobei es dann oft mit einer erkennbaren diffusen Erhellung des ganzen Himmels (Zeile 6) verbunden ist. — Ein „Segment" (Zeile 4) liegt vor, wenn ein im Azimut beschränkter Lichtschein eine einigermaßen scharfe obere Grenze besitzt. Oft werden diese Segmente den Gesamteindruck ferner Streifenfelder darstellen und zeigen bei aufmerksamer Beobachtung oder zeitlicher Entwicklung dann die Übergangsform der Zeile 5. — Auch die stärkeren diffusen Erhellungen lassen zeitweilig Streifen und Wolken erkennen (Zeile 7). — Die eigentliche Streifenform (Zeile 8) ist die Normalform der Erscheinungen. Nach der Sonneberger Statistik 1928 bis 1957 umschließt sie 40% aller Erscheinungen, und wenn man die Übergangsformen mit hinzunimmt, sogar 50%. — Die in Afrika nie beobachtete Chaotische Form ist selten. Die Sonneberger Reihe weist nur 6 Fälle = 1.0% der erhellten Nächte bei insgesamt 3299 Beobachtungsnächten nach. Die beiden Afrika-Reihen dürfen daher nicht als Beweis dafür angesehen werden, daß die Chaotische Form auf niederen Breiten nicht auftritt, wenngleich der Verdacht besteht, daß sie meist an turbulente Zustände gebunden ist, die durch Einbrüche polarer Luftmassen in das normale Strömungssystem der hohen Atmosphäre verursacht werden. Solche Einbrüche sind auch auf 50° Nordbreite nur im Winterhalbjahr beobachtet (4). Man vergleiche hierzu die Bilder in [2], besonders Abb. 22 bis 25.

Wenn man in der Tabelle nur die Erscheinungen des verstärkten Horizontlichtes betrachtet, so ergeben sich zwischen den beiden Beobachtungsabschnitten kaum Unterschiede: die Anteile sind 16.3% und 15.6%. Anders ist es mit der Gesamtheit der abnorm erhellten Nächte: 1937/38 53.6%, 1952/53 29.5%, und bei Ausschluß des „Verstärkten HL" sogar 37.3% und 13.9%. Besonders auffällig ist der Rückgang bei den eigentlichen Streifenformen, wogegen die „Diffusen Erhellungen", Zeile 6, eine Zunahme erfahren haben. Darin drückt sich eine allgemeine Verminderung der Intensität der Erscheinungen aus, denn bei den diffusen Erhellungen handelt es sich um die im Mittel schwächste Form der über weite Himmelsteile ausgedehnten Erscheinungen.

Die Ursache der etwa seit 1948 zu beobachtenden „säkularen" Abnahme ist unbekannt, doch sollen die Möglichkeiten einer Erklärung im folgenden untersucht werden. Wir dürfen ausgehen von der Erfahrung, daß die Intensität der Erscheinungen eine statistische Beziehung zum Sonnenfleckenzyklus vermuten ließ, derart, daß Minima der atmosphärischen Erhellungen auf Maxima der Sonnentätigkeit fielen und umgekehrt. Zwar überdeckt diese Erfahrung nur zwei Sonnenzyklen, aber die Maxima des Auftretens der Leuchtstreifen um 1930 bis 1934 und zwischen 1940 und 1945 waren doch sehr demonstrativ. Demnach war auch nach 1950 wieder ein Maximum zu erwarten gewesen, das nicht eingetreten ist, und aus demselben Grunde wäre in Südwestafrika 1952—53 größere Intensität zu erwarten gewesen als 1937—38. An anderer Stelle ([2] p. 25) habe ich aufgezeigt und durch eine Reihe von Erfahrungen belegt, daß sehr wahrscheinlich die Intensität der Erhellungen sich entgegengesetzt zum Ionisationsgrad der hohen Atmosphäre, d. h. zur Intensität der UV-Strahlung der Sonne verhält. Man denkt dabei zunächst an einen rein atmosphärischen Effekt, wofür auch einige Gründe sprechen, doch könnte auch eine extraterrestrische Wirkung vorliegen, wofür in erster Linie die Wirkung des Strahlungsdrucks auf den interplanetaren Staub in Betracht käme. Leider fehlen Beobachtungen von höheren Südbreiten; sie würden eine Entscheidung ermöglichen. Die auf 50° Nordbreite beobachtete Jahreskurve der Erhellungen mit einem flachen Maximum im August und einem langen und hohen Maximum von Ende Oktober bis Ende Januar ([2] p. 8) kann im Sinne der Staubhypothese gedeutet werden als entstehend aus der Überlagerung einer jährlichen Variation des kosmischen Massenzuflusses (Maximum in der 2. Jahreshälfte) mit einer zur solaren Einstrahlung gegenläufigen Kurve (Maximum im Winter). U. a. spricht für diese Deutung die in Südwestafrika beobachtete, im Vergleich zur Nordhalbkugel hohe Erhellungsaktivität im Monat Mai 1937.

Nicht erklärt werden kann jedoch auf diese Weise der Abfall nach 1948 und die Schwäche der Erscheinungen um die Zeit des Sonnenfleckenminimums, 1952—54, da die UV-Einstrahlung und die atmosphärischen Bedingungen nicht anders waren als zur Zeit früherer Sonnenfleckenminima. Wenn man aber fragt, was etwa anders gewesen ist, so bietet sich der Umstand an, daß dieser Zeit ein ungewöhnlich hohes Maximum der Sonnentätigkeit im Jahre 1947 vorausgegangen ist. Die Möglichkeit, daß der verstärkte Strahlungsdruck (UV und Korpuskularstrahlung) die Erreger der Leuchtstreifen aus dem inneren Teil des Planetensystems entfernt haben könnte, muß geprüft werden. Stellt man sich diese Erreger als Staubteilchen an den Rändern des vom normalen Strahlungsdruck ausgesonderten Bereichs vor, so kann man ihre Stellung im Planetensystem auf 2 Arten, durch 2 Modelle, zu beschreiben versuchen.

1. Statisches Modell. Auf ein zunächst als bewegungslos im Sonnensystem gedachtes kleines Teilchen wirken zwei Kräfte: die Schwerkraft S und der Strahlungsdruck D. Ist $D < S$, so fällt das Teilchen zur Sonne, ist $D > S$, so bewegt es sich nach außen. Das Verhältnis $D:S$ ist unabhängig vom Sonnenabstand r, weil beide Größen dem r^{-2}-Gesetz unterliegen. Im Falle $D = S$ befindet sich das Teilchen im labilen Gleichgewicht, das heißt, daß ein statisches Modell unter den gegebenen Voraussetzungen nicht möglich ist. Dies wird anders, wenn man annimmt, daß die Strahlung eine Schwächung durch Absorption erfährt. Dann wird $D:S = r^{-(2+x)}:r^{-2}$, und es läßt sich immer eine Entfernung angeben, in der dieses Verhältnis den Wert 1 unterschreitet. An dieser Stelle wäre ein entsprechendes Teilchen im stabilen Gleichgewicht. In welcher Entfernung dies der Fall ist, hängt ab von der Teilchengröße und von der Stärke des Strahlungsdruckes. Bei Annahme von Absorption ist also ein statisches Modell möglich. Eine Zunahme des Strahlungsdruckes würde die für verschiedene Teilchengrößen in verschiedenen Abständen r liegenden Stabilitätsstellen nach außen verlegen und wäre deshalb geeignet, den in der Erdatmosphäre beobachteten Zustrom interplanetarer Teilchen zu schwächen. Wird der Strahlungsdruck wieder geringer, so fallen die Teilchen an die nunmehr wieder näher an der Sonne gelegenen Stabilitätsstellen zurück, soweit sie nicht etwa bei dem vorausgegangenen Vorgang auf Entweichgeschwindigkeit oder einen darüberliegenden Wert beschleunigt worden sind.

2. Dynamisches Modell. Es wird angenommen, daß die Teilchen in Kegelschnitten um die Sonne laufen. Der Wirkung des Strahlungsdrucks zusätzlich zur Gravitation kann man am besten genügen durch Einführung einer fiktiven verminderten Sonnenmasse $M' = 1 - D/S$. Eine Zunahme des Strahlungsdrucks bewirkt eine Vergrößerung der Großen Halbachse a einer Teilchenbahn, und zwar erfolgt die

Veränderung der Bahnelemente instantan, nicht in Form eines Einschwingvorgangs auf eine neue Gleichgewichtslage wie bei dem statischen Modell. Hier interessiert die Frage, welchen Wert der Strahlungsdruck annehmen muß, um a gegen ∞ wachsen zu lassen, das heißt eine elliptische Bahn in eine Parabel (oder Hyperbel) zu verwandeln. Ist v die kosmische Geschwindigkeit, die ein Teilchen beim Zusammenstoß mit der Erdatmosphäre besitzt, ausgedrückt in Einheiten der Kreisbahngeschwindigkeit im Abstand 1 von der Sonne und auf das heliozentrische Koordinatensystem bezogen, so besteht die Beziehung

$$\frac{1}{a} = 2 - \frac{v^2}{1 - D/S}.$$

Für die Parabel wäre demnach

$$2 - v^2/(1 - D/S) = 0,$$

und als Bedingung dafür, daß eine geschlossene Bahn existiert, erhält man

$$D/S < \left(1 - \frac{1}{2} v^2\right).$$

In den hier in Betracht kommenden Fällen ist D/S immer ein echter Bruch. Im Falle $D/S = 1$ wäre $M' = 0$, und die Bahn des Teilchens wäre eine Gerade; im Falle $D/S > 1$ wären keine Hyperbelbahnen mit der Sonne im inneren Brennpunkt mehr möglich, sondern nur Bahnen mit zur Sonne konvexer Krümmung.

Nachstehende Übersicht gibt die Werte von $1 - \frac{1}{2} v^2$ für verschiedene Werte von a der Ausgangsbahn.

$a =$	1.0	1.5	2.0	3.0	4.0	5.0	10.0	20.0 AE
$1 - \frac{1}{2} v^2 =$	0.500	0.333	0.250	0.167	0.125	0.100	0.050	0.025
$M' =$	0.500	0.667	0.750	0.833	0.875	0.900	0.950	0.975

Allgemeiner ist die folgende Ableitung: Mit M als Sonnenmasse, m als Masse des um die Sonne laufenden Körpers, v seiner Geschwindigkeit im Abstand r von der Sonne, k^2 als Gravitationskonstante, a als Großer Halbachse gilt

$$v^2 = k^2 (M + m)\left(\frac{2}{r} - \frac{1}{a}\right).$$

Setzt man, da es sich hier um sehr kleine Teilchen handelt, $m = 0$, so ist

$$v^2 = k^2 M \left(\frac{2}{r} - \frac{1}{a}\right),$$

und der Übergang von einer elliptischen Bahn zur Parabel wird erreicht, indem man $a = \infty$ setzt und bei unverändertem v eine veränderte fiktive Sonnenmasse M' einführt:

$$v^2 = \frac{2 k^2 M'}{r}.$$

Durch Gleichsetzung erhält man dann

$$M' = M\left(1 - \frac{r}{2a}\right),$$

welcher Ausdruck für $r = 1$ dieselben Werte ergibt, wie oben angeführt.

Es zeigt sich also, daß im Bereich der vorwiegend in Betracht kommenden Bahnen zwischen $a = 2$ und 5 ein Strahlungsdruck von einem Viertel bis einem Zehntel der Sonnenschwerkraft genügt, um die elliptische Bahn eines Teilchens in eine Parabel zu verwandeln und das Teilchen aus dem Sonnensystem zu entfernen. Zum Vergleich sei erwähnt, daß im molekularen Bereich der Kometenschweife (CO^+, N_2^+) Werte von D beobachtet werden, die 200 S übersteigen. Über die Durchmesser der Erreger der Leuchtstreifen ist nichts bekannt; vermutlich liegen sie an den Rändern des Bereiches (etwa 10^{-4} bis 10^{-6} cm), für den D/S auch unter Normalbedingungen > 1 ist.

Im folgenden soll untersucht werden, welche Teilchengrößen überhaupt in dem angenommenen dynamischen Modell stabile Bahnen haben können. Für den Strahlungsdruck im Verhältnis zur Schwerkraft gibt das Tafelwerk von Allen [5] folgende Beziehung

$$D/S = (1.7 \cdot 10^4 \cdot d \cdot \varrho)^{-1},$$

wo d der Durchmesser in cm, ϱ die Dichte ($g \cdot cm^{-3}$) der Teilchen bedeutet. Mit $\varrho = 3$, welche Annahme für diese Überschlagsrechnung genügt, erhält man folgende Durchmesser von Teilchen, die bei normalem Strahlungsdruck in Parabeln laufen:

$a =$ 1.0	1.5	2.0	3.0	4.0	5.0	10.0	20.0 AE
$d = 3{\cdot}9{\cdot}10^{-5}$	$5{\cdot}9{\cdot}10^{-5}$	$7{\cdot}8{\cdot}10^{-5}$	$1{\cdot}2{\cdot}10^{-4}$	$1{\cdot}6{\cdot}10^{-4}$	$2{\cdot}0{\cdot}10^{-4}$	$3{\cdot}9{\cdot}10^{-4}$	$7{\cdot}8{\cdot}10^{-4}$ cm

Der Sinn dieser Zahlen ist: alle Teilchen, die kleiner sind, als der zu a gehörige Wert, werden sich schon unter normalen Verhältnissen in Hyperbeln bewegen; die für den Aufbau eines dynamischen Systems in Betracht kommenden Durchmesser liegen oberhalb der angegebenen Werte. Die Zahlen zeigen, daß Partikel mit $a > 10$ praktisch nicht in Betracht kommen. Bei $a \sim 20$ ist die Größenordnung der Durchmesser bereits 10^{-3} cm und nähert sich dem Wert 10^{-2} cm, der für die schwächsten teleskopischen Meteore angenommen wird. Von dieser Seite ausgehend, darf man schließen, daß Partikel mit $d \sim 10^{-3}$ cm zu wenig zahlreich sein werden, während Teilchen mit kleineren Durchmessern von Anfang an aus dem Sonnensystem entfernt werden. Das Resultat ist also, daß als wirksames Substrat eines dynamischen Systems nur Teilchen mit $a = 1$ bis 5 in Betracht kommen, die genetisch dem System der kurzperiodischen Kometen, der Kleinen Planeten oder dem Zodiakallicht zugeordnet sein könnten. Zu bemerken ist noch, daß, wie bereits gesagt, Steigerungen des Strahlungsdrucks zwar instantan auf die Bahnen einwirken, daß aber, auch wenn während eines Maximums der Sonnentätigkeit der Normalwert während langer Zeit überschritten wird, die betroffenen Teilchen, soweit r in Abnahme begriffen ist und $D/S < 1$ bleibt, dennoch ihr Perihel erreichen können. Man kann also damit rechnen, daß die volle Wirkung erst einige Zeit, etwa 1 bis 3 Jahre nach dem Maximum, in Erscheinung treten wird.

Ob man das statische System nur als eine logische Möglichkeit ansehen oder es ernstlich in Betracht ziehen muß, bleibt unentschieden. Wesentlich ist hier nur, daß beide Betrachtungsweisen jene Deutung zulassen, wonach ein extrem hohes Maximum der Sonnentätigkeit zu einer lange nachwirkenden Schwächung der Erscheinungen führen kann.

Zu den Beobachtungen ist folgendes zu bemerken:

Die Zeitangaben sind Mittlere astronomische Zeit für 30° Ostlänge (Greenwich $+2^h$), von Mittag ab gezählt zwecks Vermeidung des Datumwechsels um Mitternacht. Das Datum Juli 25 bezeichnet also die Nacht Juli 25—26.

HL bedeutet Horizontlicht und steht für den normal 5° bis 10° hochreichenden, nach oben diffus verlaufenden Lichtsaum, der durch perspektivische Verdichtung des normalen Nachthimmelleuchtens zustande kommt.

Literatur

[1] C. Hoffmeister, Hinweise auf atmosphärische Wirkungen interplanetarer Materie. Astron. Nachr. 283.13, 1956. — Daselbst Verzeichnis neuerer Literatur.

[2] C. Hoffmeister, Spezifische Leuchtvorgänge im Bereich der mittleren Ionosphäre. Erg. exakt. Naturw. XXIV. 1, 1951.

[3] C. Hoffmeister, Beobachtungen der Leuchtstreifen in Südwestafrika. Kleinere Veröffentl. Sternwarte Berlin-Babelsberg Nr. 23, 1940.

[4] C. Hoffmeister, Die Strömungen der Atmosphäre in 120 km Höhe. Ztschr. f. Meteorologie 1.33, 1946.

[5] C. W. Allen, Astrophysical Quantities, p. 172.

Beobachtungen

Farm Voigtland

$\lambda = 17° \, 19'.9$ E $\quad \varphi = -22° 34'.6 \quad$ H = 1890 m

1952			
Juli	25	—	Himmel dunkel, sehr klar.
Aug.	8	$8^h.6$	Links unterhalb des Drachenkopfes, bei η und ϑ Dra, scheint eine leichte Verstärkung des HL zu bestehen. Himmel sonst dunkel, Gegenschein leicht sichtbar.
		8.9	Erhellung kaum noch merklich.
	9	8.2	Himmel dunkel, HL schwach.
	10	8.2	Himmel dunkel, HL wahrnehmbar, aber schwach.
	11	9.4	Horizontlicht allseitig verstärkt, Himmel allgemein nicht so dunkel wie in den vorangegangenen Nächten.
	12	10—12	Bei mehrfacher Prüfung Himmel ohne Besonderheiten. HL erkennbar, aber schwach.
	13	9.8	Himmel o. B., HL schwach erkennbar.
		13—14	HL scheint etwas verstärkt, und Himmel nicht so dunkel wie vorher.
	14	9.1	HL erkennbar, Himmel sonst ziemlich dunkel.
		14	Himmelszustand unverändert.
	15	—	Himmel o. B., doch läßt der Dunst keine Beurteilung des HL zu.
	16	—	Keine starken Erhellungen.
	17	9.5	Keine Erhellungen. HL und allgem. Helligkeit wegen des ∞ nicht zuverlässig zu beurteilen. Gegenschein gut sichtbar.
		15.1	Himmelszustand unverändert; anscheinend allgemein etwas heller als in manchen früheren Nächten.
	18	8.6	Himmel o. B., HL über Dunst kaum erkennbar, Gegenschein leicht sichtbar.
		16.0	Bei vermindertem Dunst HL schwach, Himmel relativ dunkel.
	19	10.9	HL wegen Dunst nicht zu beurteilen. Himmel scheint nicht sehr dunkel. Gegenschein gut sichtbar.
	20	9.9	HL merklich, sonst keine Besonderheiten.
	21	10.1	Himmel dunkel, HL merklich, aber nicht auffällig.
		11.9	HL in E anscheinend verstärkt und mit dem aufkommenden ZL eine breite Erhellung verursachend.
		17.0	Himmel ohne Besonderheiten.
	22	11.6	HL allseitig verstärkt, Himmel schwach diffus erhellt; Gegenschein gut sichtbar; Zodiakalband kaum mit Sicherheit erkennbar.
		16.7	Himmel bei guter Durchsicht auffallend viel heller als gestern; keine Struktur erkennbar.
			Der Himmel zeigte in dieser Nacht nicht die Brillanz der vorausgegangenen. Besonders nach Mitternacht war ein leichter Lichtschleier recht auffällig.

Aug. 23	10^{h}1	HL zeigt in SE einen 9°5 hohen Saum mit stufenartiger Grenze.
	10.2	Größte Helligkeit im Azimut von α Car und τ Pup.
	11.3	Die Erscheinung in SE besteht weiter. In S verläuft ein schmaler Streifen von der Gr. Mag. Wolke nach α Crucis, Achse 6° über dem Horizont.
	12.2	Der schmale Streifen verläuft von halber Höhe der Gr. Mag. Wolke, $h = 6^{\circ}5$, nach $\alpha\beta$ Muscae, $h = 6^{\circ}9$.
	12.4	HL allseitig verstärkt, Himmel allgemein schwach diffus erhellt. Sehr schwacher breiter Streifen von der Gr. Mag. W. nach γ TrA.
	14.5	Nur noch in SE auffällig verstärktes HL, alle anderen Horizontteile dunkel. Höherer Himmel dunkler als zuvor.
24	17.0	Himmel dunkel. HL nicht zu beurteilen, da Milchstraße am Horizont liegt.
25	15.0	Himmel ohne Besonderheiten, mäßig dunkel. HL wegen Dunst nicht zu beurteilen. Die Nacht war zeitweise durch leichten Ci gestört.
26	12.5	HL in SE merklich, in anderen Richtungen durch Ci gestört. Himmel sonst o. B.
	17.2	Bei großer Klarheit HL in SW, wo die Milchstraße nicht stört, merklich, sonst nichts Besonderes.
27	16.5	Himmel ohne Besonderheiten, ziemlich dunkel, HL, soweit wegen Milchstraße erkennbar, normal.
28	16.0	HL normal, Himmel o. B.
29	16.1	HL merklich, ohne Besonderheiten.
30	16.5	HL schwach, Himmel o. B.
31	17.4	Himmel ohne Besonderheiten.
Sept. 6	8.7	HL im SE merklich, sonst Himmel o. B.
7	8.5	Himmel o. B., ziemlich dunkel. HL wegen ∞ nicht zu beurteilen.
8	10.0	HL allseitig verstärkt.
	10.5	Im NE zwischen Zodiakalband und Milchstraße, Gegend von β And, ist die Verstärkung des HL sehr auffällig.
9	10.2	HL in SE, Gegend von ϑ Eri, auffällig. NE dunkler als gestern, sonst o. B.
10	9.2	HL in SE merklich. Höhen mit Pendelquadrant gemessen. Höhe des Gegenscheins zu 39° gemessen.
	9.4	NE heute heller als gestern.
	9.7	Die Erhellung ist heute allseitig. Auch die höheren Himmelsteile scheinen schwach diffus erhellt, doch zeigt die Milchstraße guten Kontrast und viele Einzelheiten.
11	9.8	HL-Saum in SE und NE gleichmäßig etwa 10° hoch, mit Quadrant gemessen, und mäßig scharf begrenzt. Himmel in größerer Höhe dunkel.
	11.9	Der HL-Saum ist diffus und, gemessen, 14° hoch in SE; doch ist der Himmel dort bis in größere Höhe schwach erhellt. Die W-Seite scheint dunkler zu sein, soweit die Milchstraße das erkennen läßt. — Die Horizontsterne stehen unter einem schmalen Wolkenstreifen.
12	11.5	HL-Saum deutlich, aber kaum das normale Maß übersteigend. Sonst o. B.
13	11.1	Leuchtstreifen. Seit etwa 9^{h} zeigte sich Verstärkung des HL in SE und E. Gegen 10^{h}5 hatte sich über dem E-Punkt ein helles Feld gebildet, dessen Charakter wegen der Nähe der Ekliptik nicht ganz gesichert war. Jetzt zeigt sich Streifung von rechts nach links ansteigend. Der E-Himmel ist allgemein diffus erhellt.
	11^{h}35^{m}	Ein breites Band läuft von ξ o Tau über $\beta\gamma$ Tri nach 10° + 50°.

Sept. 13	11^h42^m	Scharfe Oberkante des 3° breiten Bandes 0°.5 unter Jupiter — β Tri — 10° +48°.
	11 47	Kante durch ε Ari und υ And.
	11 51	Achse 43°+26° — 10°+51°.
	11 57	Noch schwache Streifung, doch recht unscheinbar.
	12 9	Achse des tieferen Streifens Plejaden — αβ Cas. Darüber ein schwacher diffuser Streifen parallel zum ersteren und etwa den Raum γ And — β Tri ausfüllend. Sonst nur verstärktes HL. Am W-Himmel keine besonderen Erscheinungen.
	12 37	Streifen in NE von Mitte der Hyaden nach α 2/5 γ Cas, ziemlich genau durch β Per. Darüber schwache Streifung.
	13 54	Schwache horizontale Streifen in Perseus und Cassiopeia.
	14 48	Falls im NE noch Streifen vorhanden, sind diese nicht mehr von Milchstraße und ZL zu unterscheiden.
14	9.6	HL in NE und SE verstärkt. Besonders in NE auffällig über der auf 5° Höhe abgesunkenen Dunstbank. Der Lichtsaum reicht hier bis 12°.5, in SE bis 10° Höhe.
	12^h16^m	Die Dunstbank in NE ist 4°.5 hoch. Darüber liegt ein heller Streifen, dessen ziemlich scharfer oberer Rand genau in NE zu 9°.7 Höhe gemessen wurde.
	14 26	Helligkeit in NE schwach streifig. Streifen 1° breit von ε Per nach 40° +48°.5.
	14 40	Lage des schwachen Streifens: 57°+39° — 35°+49°. Der Streifen bewegt sich also aus N oder NE und ändert seine Lage zu den Sternen nur wenig. Einige Zeit später, als die Gegend höher stand, bemerkte ich, daß sich an dieser Stelle ein sehr schwacher Streifen von Milchstraßenlicht befindet, der mindestens die Beob. entstellt haben konnte. Die beiden ersten Örter dürften aber doch einem reellen Leuchtstreifen zugehören.
15	9.4	HL merklich, nach oben diffus verlaufend, ohne Besonderheiten.
	16.6	Himmel im weiteren Verlauf der Nacht ohne Besonderheiten.
16	11.8	HL wie am Vortage, merklich, nach oben diffus; Himmel o. B.
17	9.4	HL mäßig auffallend, in SE einen 9° hohen, relativ gut begrenzten Saum bildend, in NE etwas höher reichend, aber von etwa derselben Helligkeit. In NW genau wie in SE.
18	12.0	HL etwa 10° hoch merklich, in größeren Höhen Himmel dunkel.
19	11.9	HL 20° hoch recht auffällig, allseitig, vielleicht verursacht von dem leichten Hochdunst. Der ganze Himmel scheint schwach aufgehellt. Jupiter zeigte bei tiefem Stand einen Hof.
	12.0	Es hat den Anschein, daß die Extinktion geringer wird, doch bleibt die Erhellung bestehen.
20	12.2	HL schwach, Himmel o. B.
	16.7	HL schwach, Himmel mäßig dunkel.
21	12.3	HL nicht auffällig, aber Wolken am Horizont; Himmel mäßig dunkel.
22	—	Himmel o. B., soweit erkennbar. Behinderung anfangs durch Mond, später durch Wolken.
23	12.9	HL schwach, Himmel mäßig dunkel.
24	12.4	HL schwach, Himmel dunkel.
25	13.7	HL offenbar schwach, wegen Milchstraße nicht zuverlässig zu beurteilen. Himmel sonst o. B.

Farm Voigtsgrund $\lambda = 17°26'.35$ E $\varphi = -24°50'.0$ H = 1275 m

Okt.	9	—	HL während der ganzen Beob.-Zeit ziemlich stark und 15° hoch reichend bei ganz diffuser Begrenzung. Himmel anscheinend allgemein schwach erhellt.
	10	—	Das HL bildete einen etwa 10° hohen, mäßig scharf begrenzten Streifen, allseitig bemerkbar. Der Himmel schien dunkler als gestern. Gegen Ende der Beobachtungszeit verhinderte die Milchstraße die Wahrnehmung.
	11	—	HL ähnlich wie in der vorigen Nacht. Himmel ohne Besonderheiten. Die gute Sichtbarkeit des Gegenscheines war bemerkenswert.
	12	—	HL nicht auffällig, Himmel o. B.
	13	14^h	Himmel o. B., nur teilweise heiter.
	14	—	Himmel schwach diffus erhellt, aber Gegenschein sehr gut zu sehen. HL nicht zu beurteilen wegen Wolken und Milchstraße.
	15	—	Bis gegen 12^h Himmel ohne Besonderheiten, soweit Beob. möglich.
	16	11.8	Himmel schwach diffus erhellt. HL etwa 12° hoch erkennbar ohne scharfe Grenze.
		12.4	Der Westhimmel von Capricornus bis Piscis austr., Grus und Pavo ist heller als die entsprechende Gegend in E. Der Gegenschein in Pisces ist gut, das Zodiakalband von Capricornus nach Aquarius kaum zu sehen.
		14.5	Jetzt, da die Milchstraße nicht mehr wesentlich stört, ist das HL allseitig als stark erkennbar.
		16.3	Himmel dunkler geworden, HL wenig auffällig.
	17	12—14	Bis 12^h HL unbedeutend, Himmel dunkel. Um 14^h, als die Milchstraße nicht mehr allgemein störte, HL besonders in SW deutlich, Himmel aber in größeren Höhen ziemlich dunkel.
	18	11.0	HL schwach, Himmel dunkel.
		16.4	HL in SW schwach bemerklich. Himmel in größeren Höhen dunkel.
	19	—	HL nicht auffällig, aber etwas stärker als in der vorausgegangenen Nacht.
	20	15.8	HL besonders in SW, wo weder Milchstraße noch ZL stören, recht auffällig, in NE jedoch kaum merklich. Himmel in größeren Höhen dunkel.
	21	14	HL in SW auffällig, Himmel sonst ziemlich dunkel. In NE Wolken.
	24	14.4	HL in SW merklich, in SE und NE sehr schwach. Himmel in größeren Höhen dunkel.
	25	—	Himmel o. B.
	26	14—17	Himmel ohne Besonderheiten; HL merklich, aber nicht auffällig.
	27	16.0	HL in SW merklich, in NE wohl etwas schwächer, sonst Himmel o. B.
	28	16.6	HL in NE eben merklich, in SW durch Wolken verdeckt. Himmel sonst o. B.
	29	16.5	HL schwach, Himmel in größeren Höhen dunkel.
Nov.	3	8.5	Himmel ohne Besonderheiten.
	4	9.4	Himmel dunkel, HL schwach.
	5	9.8	HL merklich, Himmel mäßig dunkel, o. B.
	6	10.0	HL schwach, Himmel dunkel.
	7	10.0	HL schwach, Himmel dunkel.
	8	10.5	HL schwach hervortretend, Himmel mäßig dunkel.
	9	13.0	HL besonders in SW recht auffällig, hat offenbar seit Abend zugenommen. Himmel nur in großer Höhe mäßig dunkel.
	10	13.3	HL unauffällig, Himmel mäßig dunkel.
	11	—	HL während der ganzen Nacht wenig auffällig, Himmel mäßig dunkel.

Nov. 12	—	Himmel o. B., insoweit Wolken die Beurteilung zulassen.
13	—	Himmel o. B., HL nicht zuverlässig beobachtbar.
14	—	Himmel o. B. und mäßig dunkel. HL nicht zuverlässig zu beurteilen.
17	$10^{h}.5$	Himmel schwach diffus erhellt. HL wegen Milchstraße nicht zu beurteilen, scheint aber in SW stark zu sein.
	16.0	Himmel erscheint mäßig dunkel (Kontrast gegen die jetzt durch das Zenit gehende Milchstraße), doch ist das HL in SW ziemlich auffällig.
18	11.6	Himmel in größeren Höhen mäßig dunkel, aber HL in SW und NE recht merklich.
	16.0	Himmel o. B., HL wenig auffällig.
19	9.8	Das Zodiakalband zwischen Capricornus und Aries—Taurus auffallend deutlich, etwa 8° breit.
20	11.9	HL allseitig ziemlich stark, allgemeine schwache diffuse Erhellung.
21	12.5	HL allseitig merklich, sehr leichter Lichtschleier über den ganzen Himmel.
	14.5	Allgemeine diffuse Erhellung stärker als vordem.
	16.0	Himmel erscheint jetzt dunkler.
24	16.0	Himmel, soweit erkennbar, ohne Besonderheiten. Am Horizont Wolken.
25	16.0	Himmel ziemlich dunkel, HL wenig auffällig.
26	15.6	HL schwach, Himmel dunkel.
27	16	HL schwach, Himmel dunkel.

Farm Haribes $\lambda = 17°33' E \quad \varphi = -24°35'$

Dez. 3	9	Himmel dunkel, HL schwach.
4	9	Himmel dunkel, HL schwach.

Farm Voigtsgrund

Dez. 5	10.5	Himmel o. B., HL nicht auffällig.
6	11.0	HL merklich verstärkt, besonders auffällig in SW.
7	9.5	Himmel dunkel, HL schwach.
	11.0	HL jetzt verstärkt, aber weniger als gestern.
9	11.7	HL verstärkt, in SW offenbar mehr als in NE.
10	13	Nachdem während der ersten Nachtstunden das HL relativ schwach war, machte sich von etwa 11^{h} ab eine Verstärkung bemerkbar. Jetzt ist diese recht auffällig und der Himmel schwach diffus erhellt. Bevorzugung einer bestimmten Gegend scheint nicht zu bestehen.
11	12.3	Himmel in Zenithöhe dunkel. HL wegen Wolken nicht beobachtet.
12	13—15	HL etwas verstärkt; Himmel in größeren Höhen dunkel.
14	12.5	HL leicht verstärkt, sonst Himmel o. B.
15	—	HL während der ganzen Nacht kaum verstärkt. Himmel mäßig dunkel.
16	13.3	Seit einiger Zeit wurde die große Helligkeit am Horizont in SSW bemerkt, doch wurde in Betracht gezogen, daß sich dort galaktische und ZL-Helligkeit überlagern könnten, wenngleich dafür der Saum eigentlich zu scharf begrenzt erschien. Jetzt hat die Helligkeit stufenartigen Charakter bei etwa 10° Höhe angenommen.
	13.6	Der SW-Himmel ist auch über der Stufe erhellt, so daß die in 24° Höhe stehende Kl. Magellan-Wolke nur wenig hervortritt.
	$13^{h}45^{m}$	Höhe der Stufe in SSW gemessen $10°.5$, darüber ein weniger heller Raum, der oben durch einen helleren Streifen begrenzt wird. Achse α Phe — β Hyi.

Dez.	16	$14^{h}.0$	Anblick im wesentlichen unverändert. Andere Teile des Himmels o. B.
		14 12	Der Streifen ein wenig von W nach S ansteigend, Höhe im Azimut von α Phe $12^{\circ}.5$
		14 23	Höhe in demselben Azimut $11^{\circ}.5$. Auch die jetzt nicht mehr deutliche Oberkante der Stufe schien abzusinken. Die Messungen sind aber unsicher, da der Streifen diffus ist und sich wohl auch verändert.
		$14^{h}30^{m}$	Höhe in demselben Azimut $10^{\circ}.6$. Kl. Mag. Wolke zeigt jetzt stärkeren Kontrast. Himmel in größeren Höhen dunkel.
		14 38	Höhe in demselben Azimut $10^{\circ}.0$. Auch die Betrachtung zeigt, daß sich die Helligkeit allgemein nach SW oder SSW zurückzieht. Die Erscheinung verliert erheblich an Auffälligkeit.
		15 29	Scharf begrenzte Bank, Höhe des Oberrandes im S $10^{\circ}.4$.
		15 40	Höhe in S $10^{\circ}.1$. — 15° hoch in SW ist wieder ein schwacher diffuser Streifen sichtbar.
		15 55	Höhe in S $8^{\circ}.5$, unsicher, da etwas diffus. — Größte Helligkeit jetzt in WSW.
		16 24	Die Helligkeit hat sich gegen SW hin bewegt, der Zug ist also wohl aus NNW. Der Horizontalknoten der Streifen ist etwa WNW.
	17	12.3	HL schwach, Himmel dunkel.
		14 15	Bei sonst dunklem Himmel hat sich in SSW eine Stufe im HL gebildet, 5° hoch. Schwacher Leuchtstreifen von 2° über α Phe nach dem höheren Rand der Kl. Mag. Wolke zielend.
		14 25	Die Achse des sehr schwachen Streifens verläuft von α Phe 2/5 β Phe nach der Mitte der Kl. Mag. Wolke.
		15.5	Nur geringe Helligkeit tief in SSW.
	18	15.8	HL auch im SW kaum verstärkt, Himmel dunkel. Vor 13^{h} war eine Beurteilung des HL wegen Staubsturmes nicht möglich.
	19	12.5	HL wohl leicht verstärkt, mindestens in SW, aber auch in SE ziemlich deutlich, nur im N-Quadranten o. B.
	21	12.5	HL leicht verstärkt, später horizontnahe Wolken störend.
	22	13.3	Himmel o. B., jedoch HL wegen Wolken nicht zu beobachten.
	23	14.0	Himmel o. B., HL nicht beobachtbar.
	25	15.5	Himmel dunkel. HL schwach, wegen Wolken nicht ganz sicher zu beurteilen.
	26	15.5	HL in SW leicht verstärkt, Himmel in größeren Höhen mäßig dunkel. In NE Wolkenstreifen.
	28	16.3	Himmel o. B.
1953			
Jan.	2	9	Himmel o. B.

Farm Dornfontein $\lambda = 18^{\circ}9'.7$ E $\varphi = -23^{\circ}23'.0$ H $\sim$ 1320 m

Jan.	5	10^{h}	Himmel ziemlich dunkel.
	8	10.5	Himmel o. B., HL nicht zu beobachten.
	9	9.7	Nacht nicht dunkel, HL und allgem. Himmelshelligkeit verstärkt.
		10.9	HL allseitig verstärkt, in SW zeitweilig fast bankartig.
		11.7	In SW ist die Helligkeit schwächer und diffus. In SE hat sich eine horizontale Bank gebildet mit oberer Grenze etwa durch α Crv. Sie schließt sich dem aufkommenden ZL rechts an.

Jan.	9	$12^h.3$	Die Helligkeit in SE ist im wesentlichen mit den Sternen emporgestiegen. Es handelte sich um Überlagerung von Teilen des ZL und des HL.
		12^h32^m	Schwacher Leuchtstreifen mit Achse durch α 3/5 β Phe und β Tuc.
		12 50	Der Streifen in SW bestand nur kurze Zeit. Die Helligkeit in dieser Gegend ist jetzt bankartig und mindestens gleich der in SE, größer als in NE.
	10	9.5	Himmel viel dunkler als gestern, HL schwach.
		12	Das HL war etwas stärker geworden, doch blieb der Himmel dunkel.
	14	10.7	HL erscheint allseitig verstärkt, Wolken stören noch die Beobachtung.
	17	10.8	HL normal, Himmel mäßig dunkel.
	19	12.8	In Lücken Himmel o. B. HL, soweit erkennbar, nicht verstärkt.
	20	13.0	HL wahrscheinlich leicht verstärkt.
	21	12.7	HL in SW und NE, wo Milchstraße und ZL nicht stören, verstärkt, in NE etwas mehr als in SW.
		15.7	Soweit die Wolken es erkennen lassen, ist der Zustand unverändert. Der Himmel ist besonders in N, in UMa, erhellt, wogegen in SW nur eine geringe Verstärkung zu bestehen scheint.
		16.7	Die Helligkeit in N reicht etwa 1° über die Linie $\gamma - \eta$ UMa.
	22	15.0	HL merklich, aber nicht als verstärkt zu bezeichnen.
	23	13.0	Himmel dunkel, HL schwach.
	25	16.1	Himmel dunkel, HL schwach.
	26	16.8	Himmel dunkel, HL wenig auffällig.
	27	16.0	Zwischen Monduntergang und Dämmerung keine merkliche Erhellung.
Febr.	3	9.5	Himmel o. B., HL wegen Wolken nicht beobachtet.
	5	10.0	Bei teilweise Aufheiterung Himmel o. B., HL nicht beobachtbar.
	6	10.0	Himmel dunkel, HL, soweit erkennbar, unverstärkt.
	7	12.2	Himmel dunkel, HL, soweit erkennbar, normal; in SW Wolken.
	8	10	HL in SW möglicherweise verstärkt, Wolken lassen keine Entscheidung zu. Höhere Himmelsteile dunkel.
	9	10.0	HL in SW und E verstärkt, Himmel sonst mäßig dunkel.
	10	12.5	HL allseitig leicht verstärkt, Himmel sonst dunkel.
	11	13.2	HL leicht verstärkt, anscheinend in N mehr als in SW.
	12	—	Himmel o. B. HL nicht zuverlässig zu beobachten, mäßige Verstärkung hätte aber bemerkt werden können.
		16	HL normal.
	13	9.7	HL normal, Himmel o. B.
		16.5	HL merklich, aber kaum über normal.
	14	9^h-11^h	Beobachtung in Wolkenlücken läßt die Möglichkeit einer schwachen allgemeinen Erhellung offen.
	15	10	HL merklich, vielleicht gering verstärkt.
	16	15.5	Keine starke Erhellung, Wolkenlücke, HL nicht beobachtbar.
	18	15.5	HL merklich, wahrscheinlich aber nicht verstärkt. Beob. durch Wolkenlücken.
	22	15	Himmel o. B., aber verschleiert; HL wegen Wolken nicht zu beobachten.
	23	16.3	Himmel dunkel, HL nicht zu beobachten.
	25	17.2	Himmel o. B., nur teilweise heiter.
			Zwischen Rehobot u. Mariental
März	7	9.0	Himmel dunkel, HL normal, Gegenschein deutlich. Nur Osthimmel beob.

Von Upington nach De Aar

März 8 11ʰ.2 HL deutlich, Himmel anscheinend schwach diffus erhellt. Nur E-Himmel beob.

Von Kimberley nach Johannesburg

9 9.0 Himmel normal, HL wegen Dunst nicht zu beobachten. Nur NNW-Quadrant.

Mazelspoort, Boyden Station

19 9 Himmel mäßig dunkel. HL merklich, aber nicht auffällig.
20 10.1 Himmel mäßig dunkel, HL wie gestern.
21 13.7 Himmel mäßig dunkel, HL unauffällig. Nur N-Himmel von E bis W beob.
24 16 2 Std. vor Erreichen von Upington am Oranje im Zug von De Aar her. Himmel o. B., dunkel. Nur SW-Seite beobachtet.
25 16 Im Zug bei Mariental. Himmel o. B., dunkel. Nur W-Seite beobachtet. Wolken am Horizont.
26 17.5 In Windhoek, leichte Störung durch Stadtlicht. Keine starken Erhellungen.

Farm Bergweide $\lambda = 17°44'$ E $\varphi = -19°50'$ H = 1400 m

Apr. 2 8ʰ.2 Himmel ohne Besonderheiten. HL wegen Milchstraße, Dämmerung und aufkommendem Mond nicht zu beurteilen.
3 8.5 HL allseitig etwas verstärkt.
5 9.7 Keine starken Erhellungen, Cs.
6 10.4 HL merklich, in SW anscheinend etwas verstärkt.
11.2 In SSW ist das HL sicher verstärkt, bis etwa 6° über dem Horizont.
7 8.5 Himmel scheint allgemein diffus erhellt. Am Horizont Wolken.
8.7 Im N, wo jetzt die Wolken gelichtet sind, besteht sicher eine Verstärkung des HL.
8 10.5 Ganz schwache Verstärkung der Himmelshelligkeit. HL allseitig merklich.
9 13.0 Nachdem vom Abend an das HL merklich war, ohne daß eine allgemeine Erhellung angenommen werden konnte, ist der N-Himmel jetzt schwach erhellt, und am Horizont ist ein helles Segment sichtbar, das etwa bis zur Höhe von $\lambda\,\mu$ UMa reicht.
13^h22^m Das Segment scheint höher zu steigen. Höhe im Meridian gemessen 20°.3. Grenze weiter östlich durch η UMa.
13 31 Höhe im Meridian 26°.0.
13 51 Segment jetzt diffus.
15 20 Nach dem Verschwinden des Segments waren keine besonderen Erscheinungen mehr zu beobachten.
10 9.0 HL wenig ausgeprägt, Himmel mäßig dunkel.
14.9 HL jetzt allseitig verstärkt. Himmel schwach diffus erhellt.
11 10.4 HL allseitig merklich.
12 10.7 HL schwach, Himmel dunkel.
17.4 Himmel unverändert.
13 10.0 HL merklich, Himmel ziemlich dunkel.
17.5 Himmel dunkel.
14 11.7 HL mäßig schwach, Himmel dunkel.
15 10.3 HL allseitig deutlich; Himmel mäßig dunkel.
17 11.5 HL allseitig merklich, leichter Lichtschleier über den ganzen Himmel.
17.2 Himmel unverändert.
19 15^h—17ʰ.5 In den Wolkenlücken Himmel o. B.

Apr.	20	$11^{h}.6$	In der Umgebung des tiefstehenden Mondes ist der Himmel weithin weißlich, stärker als normal.
		14.0	HL merklich, aber Himmel ziemlich dunkel.
		17.5	Himmel unverändert.
	21	15.2	HL schwach, Himmel dunkel.
		17.8	HL sehr schwach.
	22	15.2	HL normal, Himmel mäßig dunkel.
	23	16.8	HL schwach, Himmel dunkel.
	24	17.5	HL normal, aber Himmel weißlich wie von Hochdunst.
	25	17.5	HL in N schwach, sonst recht merklich, und Himmel wohl leicht erhellt, besonders im S. Die Kl. Mag. Wolke ist trotz guter Klarheit auf dem hellen Grund wenig auffällig.
	26	17.7	Himmel o. B., durch Ci gestört.
Mai	1	8.0	Himmel dunkel, o. B.
	2	8.8	Himmel o. B.
	3	8.5	In Wolkenlücken Himmel ohne Besonderheit.
	4	8.0	HL verstärkt, allseitig, Himmel diffus erhellt.
	5	9.9	HL merklich, aber kaum über normal.
	6	12.0	HL allseitig etwas verstärkt.
		12.9	HL erscheint etwas heller geworden.
	7	13.0	HL schwach, Himmel dunkel.
	9	10.3	Himmel in Wolkenlücken o. B.
		15.8	Himmel nur mäßig dunkel, aber HL nicht auffällig.
	10	9.0	HL verstärkt, Himmel schwach diffus erhellt.
		9.7	HL in NE deutlich stärker als in SW.
		14.0	Himmel ist dunkler geworden. Zodiakalband gut sichtbar.
	11	17.0	Himmel mäßig dunkel. HL wenig auffällig.
	12	8.0	HL im N vielleicht etwas verstärkt, keine Gewißheit. Himmel sonst dunkel.
		14.9	In Wolkenlücken Himmel o. B., keine Beurteilung des HL möglich.
		16.5	HL merklich, aber als normal anzusehen, soweit Beurteilung möglich.
	13	10.0	In NE, etwa 6° über Horizont, deutlicher heller Saum. Himmel sonst dunkel.
		14.9	HL allseitig merklich, aber ohne Besonderheiten.
	14	14.0	HL merklich, aber Himmel normal.
	15	8.8	In Wolkenlücken Himmel o. B.
		10.8	HL in N und NE verstärkt. Zodiakalband jedoch sehr gut zu sehen. In NW Wolken.
		15.8	Himmel dunkel.
	16	14.6	HL allseitig etwas verstärkt; Himmel wohl schwach erhellt.
	17	12.0	Himmel o. B., HL wegen Wolken nicht zu beurteilen.
		17.5	Himmel in Lücken o. B.
	18	13.7	HL verstärkt, Himmel schwach diffus erhellt.
		15.8	Erhellung des Himmels recht auffällig. Gegenschein in Libra sichtbar; Zodiakalband kaum zu sehen.
	19	15.6	Himmel o. B., HL normal.
	20	13.6	HL schwach, Himmel dunkel.
	21	14.5	Himmel dunkel, HL schwach.
	22	16.5	HL schwach bis normal, Himmel dunkel.

Mai	23	16^{h}6	Himmel dunkel, HL sehr schwach.
	24	17.4	HL normal, Himmel mäßig dunkel.
	25	17.7	Himmel o. B., HL nicht zu beurteilen wegen Wolken.
	30	7.6	Himmel o. B., ziemlich dunkel.
	31	8.4	HL schwach, Himmel dunkel.
Jun.	1	8.7	HL normal, etwas heller als gestern; Himmel mäßig dunkel.
	2	9.5	HL schwach, Himmel dunkel.
	3	9.8	HL normal, Himmel dunkel.
	4	10.4	HL schwach, Himmel dunkel.
	5	12.1	HL normal, Himmel o. B.
	6	9.6	HL auffällig, stärker als an den Vortagen, aber noch als normal zu bezeichnen.
		15.0	Im Verlaufe der Nacht scheint das HL an Intensität abgenommen zu haben.
	7	10.4	HL schwach bis normal, Himmel dunkel.
	8	8.5	HL normal, Himmel mäßig dunkel.
		8.6	HL in N und NE etwas heller als in S und SW.
		9.4	HL in N viel heller als in S, aber völlig diffus.
		11.5	HL allseitig etwas verstärkt; kein merklicher Unterschied mehr zwischen N u. S.
	9	9.8	HL normal und gleichförmig im Azimut verteilt.
		16.0	HL schwach, Himmel dunkel.
	10	10.3	HL normal, Himmel dunkel.
	11	10.0	HL normal, Himmel dunkel.
		17.3	Himmel etwas heller als am Abend.
	12	10.4	HL ziemlich schwach, Himmel dunkel.
	13	13.5	Während der ganzen bisherigen Nacht HL schwach, Himmel dunkel.
		18.0	Seit 16^h war der Himmel weniger dunkel als zuvor.
	14	9.7	HL recht merklich, aber Himmel mäßig dunkel.
		10.0	Bei genauerer Prüfung erweist sich der ganze Himmel doch als schwach erhellt.
		13.2	Gegen 12^h war der weißliche Schleier auffällig. Jetzt ist der Himmel dunkler geworden, etwa wie während der ersten Stunden der Nacht, doch ist das HL noch merklich.
	15	11.2	HL ziemlich schwach, Himmel dunkel.
		17.0	HL schwach, Himmel dunkel.
	16	13.5	HL schwach bis normal, Himmel o. B.
	17	14.6	HL normal, Himmel o. B.
	18	14.8	HL recht merklich; schwache diffuse Erhellung.
		17.6	Während der letzten 1^{h}5 war der Himmel merklich erhellt, bei guter Durchsicht.
	19	15.6	HL normal, Himmel merklich dunkler als gestern.
	20	16.4	HL normal, Himmel nicht als dunkel empfunden.
	21	16.5	Himmel schwach diffus erhellt.
	22	16.7	Himmel leicht erhellt.
	23	16.4	HL normal, Himmel o. B.
	24	18.0	Himmel o. B.
	30	9.1	Himmel dunkel, HL wegen Dunst nicht zu beurteilen.
Jul.	1	10.5	HL nicht auffällig, etwas durch Dunst gestört. Himmel mäßig dunkel.

Jul.	2	$9^h.1$	HL auffällig, Himmel schwach diffus erhellt.
		10.1	Verteilung des HL ziemlich gleichmäßig im Azimut.
	3	12.3	Himmel o. B., dunkler als gestern. HL wegen Ci und ∞ nicht zu beurteilen.
	4	11.9	HL normal, Himmel o. B.
	5	9.7	HL schwach, Himmel dunkel.
		13.6	HL normal, Himmel o. B.
	6	8.3	HL infolge großer Klarheit deutlich als $\sim 6°$ hoher Saum, Himmel zieml. dunkel.
		11.1	Seit etwa einer halben Stunde beobachte ich in NNW ein bankartiges Segment, das heller ist als das HL auf der gegenüberliegenden Seite. Höchster Punkt der mäßig scharfen Begrenzung jetzt gemessen $12°.0$.
		11^h39^m	Segment immer noch auffällig, im rechten Teil unter $\beta\ \gamma$ Dra leuchtstreifenartig. Scheitel im Azimut von α CrB gemessen $h = 13°.5$. Sonst keine Verstärkung des HL.
		12 12	Segment in NNW noch sichtbar, aber viel schwächer geworden.
		13 32	Im NW scharf begrenzte Bank schwachen Lichts, $9°.0$ hoch, sonst HL schwach.
	7	9.8	HL bei guter Durchsicht etwas schwächer als normal. Himmel o. B.
		10.6	HL jetzt mindestens normal, eher etwas verstärkt.
	8	12.6	HL schwach, Himmel dunkel.
		16.0	Himmel unverändert.
	9	11.0	HL sehr schwach, Himmel dunkel.
		16.7	HL normal, Himmel etwas heller geworden.
	10	10.6	HL deutlich, noch als normal zu bezeichnen.
		13.0	HL seit mindestens einer Stunde schwach, Himmel dunkel.
	11	10.7	HL schwach, Himmel dunkel.
		16.9	Himmel unverändert.
	12	8.8	HL in SE ziemlich auffällig, in N schwächer.
		13.4	HL besonders in SE recht auffällig, in N nicht über normal; Himmel schwach diffus erhellt.
		16.0	Erhellung besonders im SE-Quadranten auffällig.
		17.5	Zustand der Erhellung unverändert.
	13	9.9	HL in SE verstärkt, in NW normal. Himmel dunkler als gestern.
		12.2	HL normal und gleichförmig im Azimut.
		13.7	HL allseitig schwach, Himmel dunkel.
	14	11.8	HL normal und gleichmäßig im Azimut verteilt.
		17.0	Seit mindestens 1 Stunde ist der Himmel schwach erhellt. HL wegen Milchstraße nicht zu beurteilen.
	15	16.0	Himmel o. B.
	16	14.4	HL schwach, Himmel dunkel.
	17	15.1	HL schwach, Himmel dunkel.

Beobachtungen auf der Seefahrt von Walvis Bay nach Bremen

Zeitangaben: MZ Greenwich astr. (von Mittag ab gezählt)

Aug.	5	9^h40^m	Himmel o. B., ziemlich dunkel. HL als normal zu bezeichnen, etwas durch Dunst und lokale Wolkenbänke gestört.
	6	11.0	Himmel o. B., aber offenbar etwas heller als gestern; HL nicht zuverlässig zu beurteilen.

Aug. 6	$16^{h}_{.}0$	Himmel o. B., Gegenschein gut zu sehen. Dunst stört am Horizont; einige Wolken.
10	9.9	Es scheint, daß links von $\varepsilon\zeta$ UMa, bei α CVn, eine Erhellung besteht, doch läßt der schlechte Himmelszustand (wolkig bei geringer Durchsicht) keine Entscheidung zu.
11	9.5	HL in N und NW bis 25° Höhe merklich. Himmel sonst o. B. Dunst und einige Wolken stören.
	16.0	Himmel o. B., nur Nordseite überwiegend wolkenfrei. Dunst zu stark, so daß HL nicht zu beurteilen ist.
12	9.9	Himmel o. B., Zustand jedoch so schlecht, daß nur stärkere Erhellungen erkennbar wären.
14	14.7	Keine starke Erhellung in Wolkenlücken; HL nicht zu beobachten.
15	10.4	In N und NW bis fast 20° Höhe HL sehr auffällig. In WSW Zodiakallicht und offenbar noch etwas Monddämmerung. Rasch wechselnde Passat-Bewölkung.
	16.8	Überwiegend heiter, Himmel augenscheinlich schwach diffus erhellt ohne auffälligen Unterschied zwischen N und S. Dunst und Passatwolken erschweren die Beurteilung.
16	15.8	HL in N normal, Himmel o. B., Passatwolken. In S stärker bewölkt.
17	$14^{h}40^{m}$	HL in NNW verstärkt. Leuchtstreifen, etwa 3° breit, von einer hellen Stelle am NW Horizont rechts unter Hercules über β Her und 4° unter $\beta\gamma$ UMi gegen α 1/2 β Aur hin, nach E zu schwächer werdend. S-Himmel o. B. Wolkenlos, nur normaler Dunst.
18	15.0	HL in NNW verstärkt, in S normal, Himmel sonst o. B.; etwas Dunst und einige Wolken (Biskaya-See).

Geographische Koordinaten

		λ	φ
1953 Aug. 5	$9^{h}40^{m}$	$4^{\circ}_{.}3$ W	$-4^{\circ}_{.}7$
6	11.0	7.9 W	− 1.0
	16.0	8.6 W	− 0.3
10	9.9	17.7 W	+13.1
11	9.5	17.9 W	+17.5
	16.0	17.9 W	+18.7
12	9.9	17.5 W	+21.9
14	14.7	14.9 W	+29.5
15	10.4	13.8 W	+33.0
	16.8	13.4 W	+34.2
16	15.8	11.9 W	+38.1
17	14 40	10.1 W	+41.9
18	15.0	7.4 W	+45.8

Papier | Fördert gute Waldnutzung
FSC® C083411

Zeitfracht Medien GmbH
Ferdinand-Jühlke-Straße 7
99095 Erfurt, Deutschland
produktsicherheit@kolibri360.de